小小少年
潜入真光层
SUNLIT ZONE

〔英〕约翰·伍德沃德（John Woodward） 著

王薇 译 孙栋 总审阅

海洋出版社

2017 年·北京

图书在版编目（CIP）数据

小小少年 . 潜入真光层 / (英) 约翰·伍德沃德 (John Woodward) 著；王薇译 . -- 北京：海洋出版社，2016.12

（探索海洋之极限任务）

书名原文：SUNLIT ZONE

ISBN 978-7-5027-9718-8

Ⅰ . ①小… Ⅱ . ①约… ②王… Ⅲ . ①海洋—少儿读物 Ⅳ . ① P7-49

中国版本图书馆 CIP 数据核字 (2017) 第 061344 号

图字：01-2016-8214

版权信息：English Edition Copyright © 2016 Brown Bear Books Ltd
Copyright of the Chinese translation © 2016 Portico Inc.
Devised and produced by Brown Bear Books Ltd, First Floor, 9–17 St Albans Place, London, N1 0NX, United Kingdom.
ALL RIGHTS RESERVED

策　　划：高显刚
责任编辑：杨海萍
责任印制：赵麟苏

海洋出版社　出版发行

http://www.oceanpress.com.cn

北京市海淀区大慧寺路 8 号　邮编：100081
北京文昌阁彩色印刷有限责任公司印刷　新华书店发行所经销
2017 年 5 月第 1 版　2017 年 5 月北京第 1 次印刷
开本：889mm×1194mm　1/16　印张：3
字数：50 千字　定价：38.00 元
发行部：62132549　邮购部：68038093　总编室：62114335

海洋版图书印、装错误可随时退换

目录

真光层

这只彩色的蓑鲉（别名：狮子鱼）
就生活在海洋的真光层。

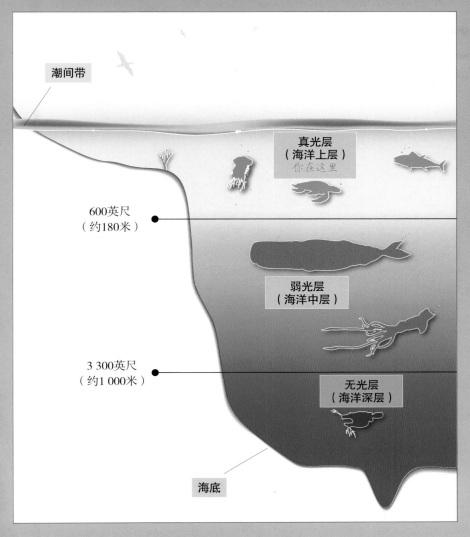

潮间带

真光层
（海洋上层）
你在这里

600英尺
（约180米）

弱光层
（海洋中层）

3 300英尺
（约1 000米）

无光层
（海洋深层）

海底

的。你不仅能发现海洋中生活着哪些动物，它们都在哪里生活，还会看到奇异的动物和植物，它们中有这个星球上最大、最奇特、最致命和最美丽的生物。

真光层

你的旅程是从海洋的最上层海水开始的，这个从海面向下延伸大约 600 英尺（约 180 米）的海层被称为真光层。这一海层的海水透明而温暖，尤其在赤道附近更是如此。

阳光可以穿透海水照射下去，因为海水像玻璃一样透明。这一点非常重要，因为海洋生物需要太阳带来的光和热，就像陆生动植物一样。

我们地球上的海洋巨大而神秘。人们总是乘船跨越海洋，但却极少有人探索过海浪下的海洋深处，因为这是一项艰难的工作。人们在水下不能呼吸，要想看看水下的世界必须要有特殊的装备。在海面下的海洋深处，人们需要防护自己不被冰冷的海水吞噬、不被海水的压力压扁。探索海洋和探索太空一样艰难。目前人们对月球表面的了解甚至多于对深海的了解。

你可以跟随着海洋科学家们一起去探索了。你可以获得执行任务所需的一切装备，还会参与研究海洋是如何影响天气和气候

在海面下几英尺的深度光线非常充足，再深一些的地方海水就变暗了，因为能照射进来的光线减弱了。这就与光线通过薄的玻璃和通过非常厚的玻璃时，其穿透效果不同的道理一样。

太阳光包含着彩虹呈现的所有颜色。红光和黄光首先被浅水层吸收，只有蓝光达到真光层的底部，大约 600 英尺（约 180 米）的深度。

探索真光层比较容易，因为你可以看清楚自己要去的地方。那里也有很多可以观赏的事物，海洋中的大多数动物生活在那里。

你的任务

云状微生物

在有些海域，海水非常清澈，甚至海面下 150 英尺（约 46 米）的深度都能看得见明亮的颜色。而在另外一些海域，海水中充满了细小的微生物活体，它们小得只能在显微镜下看到。这些云状微生物使得海水变得浑浊，阻挡了阳光射入。因此，这些有云状微生物的海域的真光层要比正常的浅一些。

你即将从地球上最温暖、最明亮的蓝色海面开始你的海洋旅程。这里是一片热带珊瑚海，你将下潜去探索珊瑚礁。在其他一些海底区域，你还会发现珊瑚和其他动物是如何把海底沉船变成水下花园的。

你的任务将会带你到热带海洋。在那里你不仅能看到觅食的鱼类和海鸟，还会与海洋中最大的食肉动物打上照面。

北美洲

太平洋

欧洲　亚洲

非洲

赤道

印度洋

大西洋

大洋洲

南美洲

南极洲

你将会拜访的地方：
1. 大堡礁
2. 帕劳沉船
3. 开普敦附近
4. 本格拉寒流
5. 马尾藻海
6. 大浅滩
7. 北冰洋

你很快就会发现，海水并非静止的，而是以一种巨大的旋转式洋流的方式环绕着世界。你会探索其中一种洋流，并看到它是如何影响着海洋中的生命，它甚至还影响着生活在海岸边的动物和人类。之后，你会向北行进，进入北大西洋的寒冷海水中。在这里，海水中蕴藏着很多食物。你会和巨鲸一起下潜游泳，看到它们把一大群鱼赶拢在一起后大快朵颐。你将会了解到为什么北大西洋能供养如此多的鱼类。

最后，你会去探索北冰洋的冰封世界，甚至可以下潜到北冰洋的冰层之下去看一看什么动物生活在那里。你的海洋旅程将会带着你从温暖的热带海域去往北冰洋的冰天雪地。

热带珊瑚礁是奇异的观赏之地。珊瑚具有丰富的形状和颜色。

潜水员跃入温暖的海水。

呼吸管

面罩

气瓶

脚蹼

珊瑚礁

你将会拜访的地方：
1. 大堡礁
2. 帕劳沉船

你的海洋航程开始之处位于澳大利亚东北海岸的大堡礁附近。清晨，你即将近距离观赏珊瑚礁。天空一片湛蓝，海水如水晶般清澈透明。你背上装备，穿过一片明亮的银色沙滩，登船出发。

大堡礁是世界上最大的珊瑚礁群，它的长度绵延 1 250 英里（约 2 000 千米），比加利福尼亚的海岸线还要长。它的礁石如此之大，以至于从太空都可以看到。大堡礁不是一块礁石，而是由 2 500 多个相互隔开的礁体集合而成的。每一块珊瑚礁都是由成千上万的珊瑚虫胶结而成。珊瑚虫是一种看上去长得像小海葵的动物。珊瑚虫不是独立生活的，而是彼此联结形成巨大的联合体。每只珊瑚虫都和它的邻居们通过碳酸钙（一种石灰岩中的化学成分）构成的外骨骼联结在一起。

经过千百年，一层又一层新的珊瑚虫在死去的珊瑚虫骨架上不断繁殖。大块的石灰岩就这样逐渐形成，上面还不断覆盖着活着的珊瑚虫。

你身穿潜水服，带上面罩和脚蹼，从船的侧面下水。面罩上连接着呼吸管，这是一条伸出水面的弯管，能让人在水下呼吸。你在珊瑚礁上方缓慢游动，边游边向下观察着各式形状的珊瑚。它们在阳光的照射下闪着不同的颜色：蓝色、紫色、黄色、粉色，好像一座色彩缤纷的水下花园。

从某种角度看，真正的珊瑚礁是这样的。在每一个珊瑚礁上都共生着微小的海生植物——海藻。海藻非常细小，在一块指甲大小的珊瑚礁上也许就生活着两百万个海藻。

海藻能利用海水中溶解的有机质，也可以摄取溶解在水中的二氧化碳制造糖分。其中后一种途径被称作光合作用。海藻只有在光照条件下才能进行光合作用。珊瑚虫使用海藻制造的糖分供养自己的身体。作为回报，它给海藻提供养分和供它们生活的安全环境。不同种类的生物体像这样互利地生存，生物学上称之为共生。

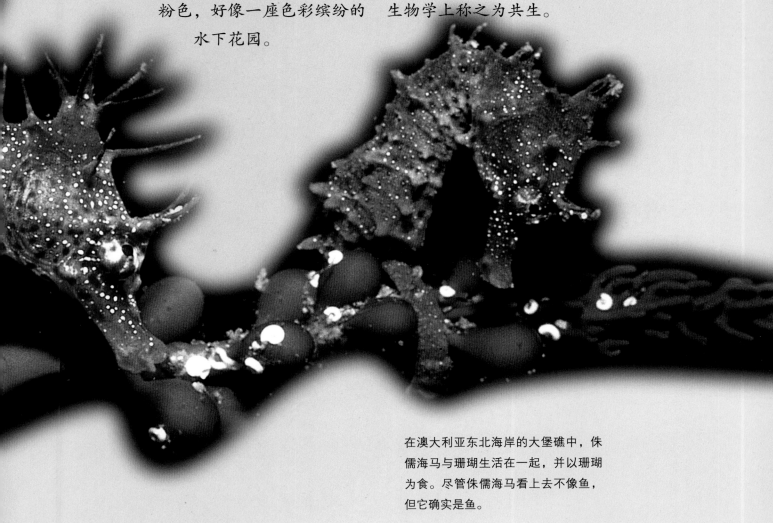

在澳大利亚东北海岸的大堡礁中，侏儒海马与珊瑚生活在一起，并以珊瑚为食。尽管侏儒海马看上去不像鱼，但它确实是鱼。

沿着礁石下潜

回到船上，你驶向礁石的边缘。你准备使用水下呼吸设备，沿着礁石斜坡的外侧下潜。你穿上潜水服，检查了空气储备，然后潜入水中。

随着鱼儿在珊瑚礁中游来游去，这些礁石都有了活力。在珊瑚礁中生活着很多种类的鱼，比海洋的任何地方种类都要多。大群的鲜艳绿色的鱼儿游过，紫色的小型热带鱼和黄色的蝴蝶鱼在珊瑚间寻找着食物，丰满的鹦鹉鱼用坚硬的牙齿咬断珊瑚发出吱吱嘎嘎的声音。像石斑鱼这样的大鱼盯着小鱼，期待轻易就能获得一顿美餐。大群的甜唇鱼快速游过，它们是五颜六色的大型热带鱼，以吃水中漂浮的微小有机物为生。

除了鱼类，这里还有大量的其他动物，有各种颜色的海参、大虾和多刺的海胆。这里还有浑身长着刺的棘冠海星，它是海星的

水下呼吸装置（Scuba gear）

如果你就在海面以下潜泳，可以使用呼吸管。但是要下潜得更深，就必须使用水下呼吸装置。Scuba 是"水下呼吸装置"的英文首字母缩写词。只要背上的气瓶携带足够的空气，就能让你在水下待几十分钟。

一种，根本不是鱼类。

海星会吃珊瑚虫，巨大的海螺还会吃棘冠星鱼。这种捕食者和猎物之间形成链条叫做食物链。

下潜更深

当你沿着礁石斜坡下潜时，海水渐渐变得不那么明亮。这里的珊瑚比海面附近的珊瑚生长得慢了许多，这是因为海藻吸收的光线变少，也就不能通过光合作用给珊瑚制造出那么多的养分了。不过，生长速度慢的珊瑚比上方那些珊瑚有着更强壮的骨架。上方的珊瑚遇到暴风海浪时常常容易折断，折断后就倒塌在礁石斜坡上。

使用一种叫取样器的工具，你可以钻探进珊瑚礁的根部，取一些礁石的样本。珊瑚礁是分层的，长着年轮一样的生长纹，这是因为珊瑚每年的生长速度并不相同。

甜唇鱼得名于它们的大嘴唇，它们以吸食珊瑚礁中的微小动物为生。

珊瑚盛放

你把探访大堡礁的时间安排得很好。此时是 11 月，正是澳大利亚的春天。这个时间非常适合观察珊瑚的再生或珊瑚的繁殖。珊瑚有两种繁殖方式。一种是，每支珊瑚都可以长出芽，芽形成后生长成新的珊瑚，最终可以长成成百上千支珊瑚。每一支新的珊瑚都是克隆的，意思是每一支珊瑚都有相同的基因。如果一个基因出了问题或损坏了，所有的珊瑚就都会有同样的问题。另一种是，珊瑚通过释放出卵和精子繁殖，卵和精子结合发育成新的珊瑚。这样繁殖的珊瑚具有混合的基因。大堡礁珊瑚的排卵季节是在 11 月，月圆后几天的晚上。

单个的珊瑚虫叫做水螅体。这只粉色的水螅体正在排出一枚小小的卵。卵向上方浮动，可能与别的珊瑚排出的精子进行受精。

珊瑚不能游动，因此它们只是把卵或精子排入海水中。同一种类的所有珊瑚都在同一个晚上做这件事，这样可以确保一支珊瑚的所有卵都有同样的机会与其他珊瑚的精子结合，这个过程叫受精。

群体排卵

当月亮正好升起时，驾驶员驾着船驶过珊瑚礁上方的海面。你穿上水下呼吸装置，戴上装有内置头灯的头盔。你在珊瑚礁上方的位置打开头灯，从船的侧部跳入水中。你的目之所及到处都是粉色的小圆珠在水中向上浮动，它们是下方的珊瑚排出的卵和精子。之后一只雌性珊瑚排出的卵就可以和另一只雄性珊瑚排出的精子结合在一起，

每只受精卵都发育成一只新的珊瑚。

返回海面

很快，水中充满了大量的珊瑚排出的卵和精子，使得你都看不见方向了。不过，你在出发前已经预料到了，只要你用一根绳子把自己和船连着，拽着绳子就能回到船边爬上去，驶向海滩。

第二天一早，你发现珊瑚潟湖中的海水由于上亿的珊瑚受精卵变成了粉色。你所能看见的珊瑚礁也同样变成了粉色。在大堡礁的整个范围内，所有同类的珊瑚都在排卵。在随后的几个晚上，所有其他种类的珊瑚也将会排卵。

11月，大堡礁的同一种类珊瑚
在同一个晚上排出卵和精子。

人造礁石

太平洋西南的很多岛屿周围都环绕着珊瑚礁。密克罗尼西亚帕劳的岩岛也被最鲜艳的珊瑚包围。这里是第二次世界大战（1939–1945）一次激烈战斗的发生地。当时很多日本船只被美国海军击沉，船只的残骸还遗留在岛屿间的海底。这里的海底属于真光层。

你的下一次下潜是去看看帕劳的船只残

骸。不过，不要期待这些残骸的样子和它们沉没时一样。从那时起，多种珊瑚和其他海洋生物开始在船只残骸上生活，这些船只已经形成了一座座人造礁石。你将去看一看这几十年间珊瑚能生长多少。

沉没的大船

你的第一个目标是日军沉船 Iro Maru。这是一艘遗留在珊瑚潟湖海底的巨大沉船。甲板位于海面下 70 ~ 90 英尺（约 21 ~ 27 米），船身相当于两层楼的高度。1944 年，

日军补给船 Iro Maru 被鱼雷击中沉没。在船的前部你可以看见一个巨大的洞，那是鱼雷爆炸的位置。当你看到沉船时，还可以看到在生锈的金属上长满了珊瑚。

沉船家园

你返回海面，来到另一个潟湖，然后再次下潜。这次你拜访的是"冲鹰"（Chuyo Maru）号沉船（见下图），这艘货船在 1943 年 12 月 4 日被美国海军潜艇"旗鱼"（USS Sailfish）号击沉。沉船的残骸覆盖着黑色的骨架非常坚硬的珊瑚，这些珊瑚也成了蓑鲉的家园。

不过你得特别小心，否则很容易就会损坏到珊瑚。你用防水卷尺测量珊瑚。虽然这些珊瑚可能是同一时间开始生长的，但是有些珊瑚比其他珊瑚大得多。有些分权的珊瑚特别巨大，它们在一年内长出的新的珊瑚长度要比你的手还要长。

这些弯曲分权的珊瑚生长在一艘日本沉船上，位于帕劳附近的真光层海底。

15

隐藏的生命

小船载着你来到一艘大得多的名叫"海神"号的考察船。这艘考察船上装备有设备先进的实验室。你又准备下潜，不过这次你要到一个不同的海域去寻找生命。

帕劳东部的海水清澈透明，呈现出一片深蓝。和环绕着海岛的珊瑚礁相比，这里的海洋显得毫无生机。这里没有彩色的鱼群，海底也非常深，海底的深度在海面下 2.5 英里（约 4 千米）。光线不能照射到那么深的地方，所以这里没有像上面说的五颜六色的浅海珊瑚。

你决定从不同的深度采集海水样本，并更加近距离地观察一下。你使用显微镜观察取自真光层的海水和取自更深处的海水。

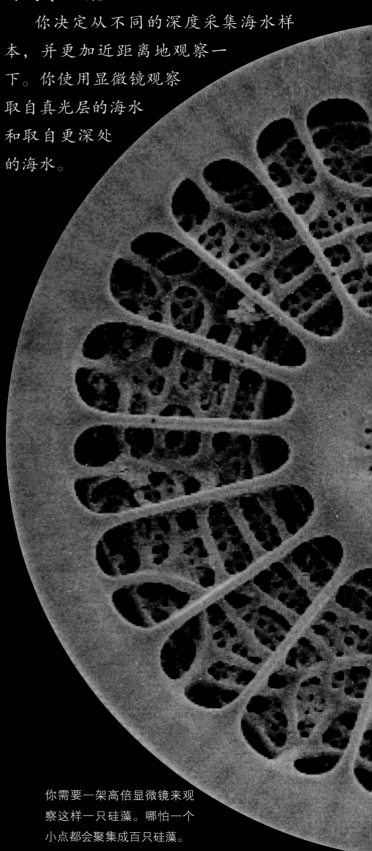

你需要一架高倍显微镜来观察这样一只硅藻。哪怕一个小点都会聚集成百只硅藻。

考察船

海洋考察船上装有实验室。在实验室中科学家们可以研究海水样本，了解海洋中生活着什么生物。他们使用高倍显微镜，甚至可以观察到非常微小的有机物。

取自深海处的海水里几乎什么都没有，然而取自真光层的海水样本里含有一些微小的透明生物。有些看起来像虾，而有些生物你却从未见过。

还有一些更奇怪的更小的物体。有些看上去像玻璃做的贝壳，有些像透明的珠宝或长满尖刺的球。它们看上去不像活着的生物，也不像动物那样可以运动。

微小生物的世界

你查阅了一下船上的书中纪录的微小有机物的图片。这些书帮助你发现，这些有机物其实是微小的海藻。这些海藻与生长在珊瑚中的海藻有些关系，其中一些叫做硅藻。和珊瑚中的海藻一样，硅藻也可以利用阳光制造养分。海藻被显微镜下观察到的微小动物吃掉。这些微小动物中的其中一部分是刚出生的小蟹、海胆、蛤类的幼体。它们都是在海面附近的活性层漂浮着的，被称为浮游生物。

用网打捞

返回帕劳的路上，你决定看看水中到底有多少浮游生物。你从船的侧部撒下一张网眼非常密的渔网。当你收回渔网时，里面没什么东西。原因是，在大多数海水清澈的热带海域，浮游生物是非常稀少的。你在靠近岸边时又试了一次，打捞上来一些浮游生物。靠近岸边鱼也多了起来，鱼类喜欢生活在有丰富的浮游生物可供它们觅食的地方。

和海洋"巨人"同游

海水样本显示，有些地方的海水比其他地方含有更多的浮游生物。靠近阳光照射的海面，以及靠近海岸的海水，总是含有较多的浮游生物。有微小浮游生物的地方也会有大一些的动物。有些动物在水中任其自然地随波逐流，因此它们也是浮游生物的一部分。但另一些生活在浮游生物中间的动物却是积极地游动，因为在广阔的海洋中有着最丰富的食物资源。

你的下一项工作是去探索浮游生物为什么这么重要，于是乘坐"海神"号考察船出发了。你要注意观察海水中含有丰富的浮游生物的迹象。你想知道在远离海岸的海水中是否可以找到丰富的浮游生物。一个小时之后，你注意到几只海鸟正在潜入水中，所以

一只管水母在真光层的海水中漂浮，寻找鱼虾当做美餐。

决定靠近些去观察。

超级鲨鱼

海鸟们正在捕食小鱼，而这些小鱼正在富于浮游生物的地区觅食。你穿上水下呼吸装备，从船的侧部跳入水中去看看水中到底有什么。大多数的浮游生物小得根本看不到，但是能看到一些水母，还有一些叫做栉水母的奇特的透明生物。

栉水母发出彩虹色的亮光，你可以潜下去靠近些去观察它们。突然，一片巨大的阴影从头上掠过，这是一只巨大的

鲸鲨。鲸鲨是海洋中最大的鱼类，它有一个张着的大嘴！

别担心，鲸鲨对你不感兴趣。它长着细小的牙齿，以浮游生物和小型鱼类为食。鲸鲨从大群微小的海洋生物中游过，张着大嘴捕食。海水从嘴里进去，从脑袋后边张开的鳃排出。在海水流过鳃的过程中，鳃可以把水中的浮游生物过滤出来吃掉。

一只鲸鲨可以长到超过 40 英尺（约 12 米），重达 12 吨（约 12 000 千克）。这个长度就像一辆校车那么长，有两头非洲象那么重！鲸鲨的身材这么大，吃的食物却比它自己小得多，说明在真光层的海面附近有太多的浮游生物生活在那里。

虽然鲸鲨长了一张大嘴，它的牙齿却非常细小。它不需要牙齿很大是因为它吃的食物都非常小，鲸鲨可以把它们一口全吞进肚里。

19

和鱼一起飞

你通过望远镜观察海面的上方，可以让你观察到肉眼看不到的远处的物体。你看到一只长着长长的翅膀的黑色大鸟，它正猛扑向海面，用嘴叼起了什么。这是一只军舰鸟，你本想靠近些观察，但这只鸟却飞得很快。幸运的是考察船后面拴了一只快艇，于是你请求船员驾驶快艇带着你追上军舰鸟。

当快艇穿过海浪时，你看见军舰鸟又一次向下猛扑，它好像在捉半空中的一条鱼。当你更靠近点才看到，这条鱼正跃出水面，用它特别长的鳍在空中滑翔。它们是飞鱼，它们跃出水面是为了躲避水中大鱼的攻击。

快艇的马达声把飞鱼吓坏了。突然海面上覆盖了不少飞鱼。每条飞鱼都刚刚飞出海面，它们把尾巴下部沉在水里，猛烈地拍击水面以提高飞行速度。这些鱼运动速度非常快，你的快艇已经达到时速37英里（约60千米），而这些鱼仍然离你越来越远。

突然，一条飞鱼掉进了船

里。也许它是从军舰鸟的嘴里掉出来的，已经快死了。你携带这条鱼回到考察船，发现这条鱼的嘴里充满了浮游生物。原来飞鱼和鲸鲨一样，也以浮游生物为食。

飞鱼的身体呈流线型。

　　回程路上，你被吓了一大跳，一条巨大的黑色生物在你前方跃出海面，它落下时溅起巨大的水花，这是一条蝠鲼。蝠鲼身体扁平，使用像翅膀一样的宽阔的鳍游动，看上去好像在水中飞翔似的。蝠鲼是鳐鱼中最大的种类，胸鳍张开可达12英尺（约4米），有一辆小汽车的长度那么宽。蝠鲼看上去让人害怕，不过它也是以浮游生物为食，对人类根本没有危险性。

流线型

　　水是非常密集的物质，因此在水中运动比在空气中运动困难得多。如果你曾经试过在游泳池里快走，你一定有所体会。一些需要快速运动的海洋动物，比如多种鱼类，都具有光滑尖锐的形状，可以使它们非常容易从水中穿行。这种类型的形状被描述为流线型。很多游得很快的鱼，比如马林鱼，甚至拥有比喷气式飞机更佳的流线型身体。

潜水员看上去很小，因为她在一条巨大的蝠鲼身后游动。

鲨鱼袭击

你将会拜访的地方:
1. 开普敦附近
2. 本格拉寒流

纳米比亚

本格拉寒流

南非

开普敦

超级感官

大白鲨主要生活在较寒冷的海域中,不在热带海洋生活。为了寻找一条大白鲨,你乘船向南行驶,来到非洲的最南端开普敦。在海岸外的小岛上聚居着正在繁殖的南非毛皮海狮,它们是大白鲨的猎物。

鲨鱼是令人生畏的杀手,特别善于追踪猎物,它们还拥有超级敏锐的感官,可以嗅

强大的捕食者,如金枪鱼和海豚,已经靠近海洋食物链的顶端位置,但它们也仍然有天敌。位于食物链最顶端的终极猎食者——鲨鱼,是海洋中最厉害的杀手。

所有鲨鱼中最令人生畏的是大白鲨。它可以生长到超过20英尺(约6米)长,牙齿巨大且有锯齿缘,呈三角形。大白鲨不同于大多数鲨鱼,它主要猎食热血动物,如海豹和海豚。它也吃大型多肉的鱼类,如金枪鱼。大白鲨可以一口把一只海豹撕成两半,当然也能很容易对你做同样的事情。所以一定要小心,因为你马上会遇见一条大白鲨!

大白鲨看上去令人生畏,它们的牙齿可以轻松地切断皮肉和骨头。但是这些鲨鱼很少袭击人类。

到半英里（约800米）以外海水里血液的气味。因此，你潜入海中去寻找鲨鱼时，从船上带了一包肉和死鱼来吸引鲨鱼。然后，船员在船边上绑了一只防鲨笼，你穿上潜水服和其他装备，自己钻进防鲨笼并在那里等着鲨鱼光顾。

等待鲨鱼

一开始什么也没发生，来了几条小鱼啃着诱饵，但是鲨鱼没有出现，你开始放松警惕。过了一会从后面传来一下重击，笼子一下子在水里倾斜了。你转头看见一排吓人的牙齿正在咬着钢笼，离你的脸只有几英寸的距离。当鲨鱼撞击笼子时你被推到笼子的另一边，这只鲨鱼掉落了几颗牙齿漂在海水中。这惊心动破的一幕让你记忆深刻，久久都不会忘怀。

防鲨笼

防鲨笼用粗的钢条栅栏制成，甚至连最厉害的大白鲨也咬不断。栅栏之间有缝隙，这样便于潜水员使用水下照相机给鲨鱼摄像或拍照。缝隙要足够小，使鲨鱼不能钻进来。

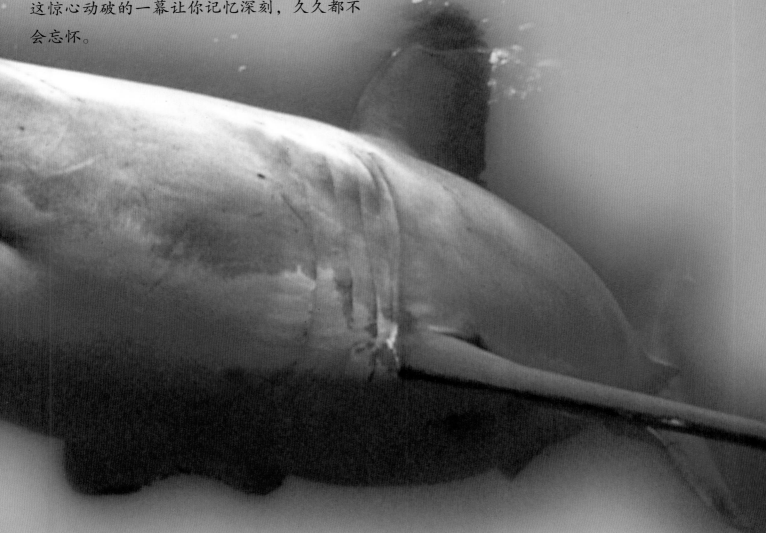

海洋寒流

南非毛皮海狮大多数时间都在水下的真光层游动，它们在这里捕食鱼类。

南非毛皮海狮觅食的海域位于开普敦西边。这里的海水受到一股海洋寒流的影响，这股寒流叫做本格拉寒流。这股寒流从冰冷的南极海域北上，穿过非洲的西南海岸流向赤道。你很快就会发现这股寒流对海洋野生动物有着重要的影响。

你从开普敦向北行驶，在纳米比亚南部停留了一下，雇用了一艘捕鲨快船。驾驶员驾着快船离开海岸迅速向西驶去，这时你将一只水温传感器放入水中。

水温传感器可以测量海水温度。海岸附近水温是 68 华氏度（约 20 摄氏度），令人

这些小生物（右图）在显微镜下被放大。一些是磷虾，长得很像大虾，另一些是桡足类动物。它们构成本格拉寒流的冷水浮游生物的一部分。

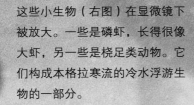

感到非常舒适，但是很快海水就开始变冷。水温降到59华氏度（约15摄氏度），然后又降到50华氏度（约10摄氏度）。如果我们在这种温度的水里游泳，会感到冰冷刺骨。你发现你的船在洋流的推动下稍微向北偏移。驾驶员必须向西南打方向，否则船就会继续偏移。此时你正在穿越本格拉寒流。

在行驶两小时之后，海水又开始变暖。你还注意到，海水的颜色也发生了变化，从绿色变成了蓝色。你停下船潜入水中，海水像水晶一样透明，你在水下的视野非常广阔。

但是在这里你看不见什么鱼类，只能收集一些海水样本，然后掉转船头返回岸边。

绿海

当你进入寒流海域时，海水又变成了绿色。你潜入水下去看看这里的海洋，海水更加寒冷和浑浊。当你爬回船上时，你注意到一些海鸟正潜入海水捉鱼。你使用望远镜放眼望去，在东边的绿色海水上空盘旋着许多海鸟，而在西边的蓝色海水上空却几乎没有海鸟。

你又取了一些海水样本，使用手动显微镜观察。绿色海域的海水里有丰富的浮游生物，而蓝色海域的海水却几乎没有浮游生物。这就是为什么寒冷的绿色海水吸引这么多鱼类和海鸟的原因。

海水上涌

纳米比亚海岸边的海洋里生活着许多海洋生物。受信风和地球旋转的联合影响，表层海水向偏离海岸的方向流动。表层海水减少，底层养分丰富的海水从洋底上涌补充了海面的海水。这就形成了海水上涌区域。海水上涌区域的浮游生物非常丰富，也有大群的鱼类生活在这里，它们以浮游生物为食。这一海域是非洲最优良的渔场之一。

25

激烈的捕食战

通过观察海洋浮游生物，你不仅已经学到了很多生物学知识，还发现微小的海藻会通过光合作用制造养分。按次序，海藻被微小动物吃掉，微小动物又被稍大点的动物吃掉，包括飞鱼、鲸鲨和蝠鲼，但像军舰鸟这样的猎食者则以鱼类为食。它们在一起构成了一个食物网（许多连在一起的食物链）。但所有生活在真光层的动物都依赖海藻制造的养分为生。

为了观察活跃着的海洋食物网，你置身于本格拉寒流中，沿着纳米比亚的海岸线向北航行。这里是海水上涌区，寒冷的海水携带着养分从洋底向上涌。海面附近的海藻利用这些养分来生长和繁殖，养分和阳光越多，海藻就繁殖得越快。在海水上涌区，所有动物，无论是小虾还是鲨鱼，都享有更丰富的食物。

大量的金枪鱼被渔民用网捕捞起来供人们食用。但是金枪鱼自己也是捕食者，它们猎食更小的鱼类。

群体攻击

密集的海藻为成群的浮游生物提供了食物，比如桡足类动物；浮游生物又被大群的以浮游生物为食的小型鱼类吃掉，比如沙丁鱼、鲱鱼和银鱼。然后这些鱼类又吸引饥饿的猎手来捕食，如金枪鱼、海鸟和海豚。金枪鱼是大型的强有力的猎手，游泳速度非常快。金枪鱼通过结群捕食，当发现一群小鱼，比如一群鲱鱼，它们就集结在一起攻击。鲱鱼抵御进攻的方式是快速游动，结成一个紧密的旋转的球形阵队。金枪鱼则努力冲散球形阵队，这样它们就可以把鲱鱼一条一条地捉住吃掉。

从船上看去，你看见鲱鱼在跃出水面努力逃脱攻击，海水看上去好像沸腾了。此时你并不是唯一注视这一切的旁观者，海鸟们也在不停地瞭望，寻找机会捕食。几只叫做塘鹅的海鸟盯住了这里，它们从空中猛扑下来，潜入水中用嘴叼起了鱼。一群海豚也加入了美食的抢夺，它们围成一圈把鱼群固定住，另一些海豚则随后游入鱼群捕食，这真是一场激烈的捕食战。

海水和天气

回程穿过本格拉寒流的行程中，你建立了一个气象站以跟踪天气的变化。不出所料，温度计显示在寒流上空时气温也下降了。湿度计显示空气非常潮湿，含有大量水分。你自己也可以分辨出这些变化，因为船已经驶入了一团浓雾。

海上的浓雾可能造成危险，因为你的船有可能撞上其他船只。船长开始拉响雾角以警示其他船只，同时还打开了船上的雷达。

雷达发出无线电信号，信号遇到任何固体目标会反射回来。雷达设备接收回波，在屏幕上显示目标的位置。通过观察雷达屏幕，船只可以避免和其他船只相撞，安全穿过浓雾。

但是这里为什么有这么大的雾？气象站提供了线索。阳光使得海水蒸发（变成蒸气），并上升到空气中，因此海洋上空的空气都含有海水蒸气。当空气与寒冷的海水接触导致降温时，海水蒸气就凝结变成了雾，甚至会转化成雨水，最后雨水会从空气中带走更多水分。

通常，掠过海洋的空气含有一些水分，它会形成雨落到陆地上。但是，向东掠过本格拉寒流的空气在到达纳米比亚海岸前，几乎在海上失去了所有的水分。雾气可能会到达陆地，但是没有雨水。因此整个纳米比亚沿海地区都是极干旱的沙漠，这是由于洋流所造成的。

风速计

气象站

你的迷你气象站拥有：

• 一个测量风速的风速计

• 一个测量气温的温度计

• 一个测量湿度的湿度计

• 一个测量气压的气压计

右图
这张照片是从地球上空的卫星上拍摄的。褐色的地区是陆地（纳米布沙漠），深蓝色的地区是南大西洋，松散的白色块是本格拉寒流上空的雾团。

沃尔维斯湾

非 洲

纳米布沙漠

纳米比亚

纳米布沙漠

蓝色和绿色色块显示海水
从洋底上涌的地区

本格拉寒流上空的雾团和云团

马尾藻海

你将会拜访的地方：
1. 马尾藻海
2. 大浅滩

本格拉寒流是被称为洋流循环的海水大规模旋转的一部分，这个洋流循环绕着南大西洋沿逆时针方向流动。在北大西洋也有一个相似的洋流循环，是按顺时针方向流动的。这两只洋流在赤道相遇向西流动。

每个洋流循环的中间是一片平静的海区，这里很少刮风，海面通常是平静的。在北大西洋洋流中间的平静地带叫做马尾藻海，这将是你的下一个目的地。

危险的漂流

你乘上一艘从委内瑞拉驶向百慕大的大型航行艇，刚开始航程非常顺利，海面上的风推动航行艇穿过洋流，风鼓着船帆，航行艇穿行在水上。这种风叫信风（又称贸易风），因为在所有的船需要靠帆航行的时代，往来于海上进行贸易的船只常借助信风吹送。

穿过北回归线后，信风开始减弱，你正在进入这个平静的海区。过去的帆船避免进入这个海区，因为这里没有足够的风量鼓起船帆推动航行。不过你的船拥有动力系统，因此你继续向马尾藻海中航行。你的设备显示，这里几乎没有洋流运动，海水温暖，像水晶一样透明，盐度很高。这里的海水里几乎没有浮游生物。

马尾藻

突然，你遇到了麻烦，一大团褐色的海

马尾藻鱼看上去长得特别像它生活在其中的海藻，
这样可以帮助它们躲避更大的鱼把它们吃掉。

藻缠在了航行艇的螺旋桨上。向四周望去，
你看见了更多的海藻。

　　这是马尾藻，大片地漂浮在海面上。一
个船员潜入水中，用刀从螺旋桨上把马尾藻
割断。你也潜入水中近距离观看这些海藻。
在海藻中隐藏着一些在地球上的其他地方都

不存在的奇怪的生物，其中之一是马尾藻鱼。
你花了好长时间找到了一条马尾藻鱼。寻找
的过程中你才知道了困难的原因：马尾藻鱼
看上去长得特别像它生活在其中的海藻。

探索墨西哥湾流

在百慕大，你登上了一艘马萨诸塞州伍兹霍尔海洋生物实验室的考察船，这艘船正在驶往墨西哥湾流区。墨西哥湾流是一只来自赤道附近墨西哥湾和佛罗里达的暖流，它给美国东北部、冰岛和不列颠群岛带来了温暖的气候。冬季时，西欧比加拿大东部气候温和得多，尽管两个地区距离赤道的距离是一样的。

墨西哥湾暖流是一支强大的洋流，海水流动的速度相当于人在焦急状态下能达到的步行速度，每秒水流量能灌满5亿只水桶。洋流的速度对于和它相同方向运动的物体非常有用，包括船只和海洋动物。

棱皮龟是海洋中最大的海龟，它们可以下潜到真光层的底部。

海龟的踪迹

一种跟随这支洋流运动的动物是棱皮龟。这种海洋巨人可以长到6英尺（约1.8米）长，相当于一个成年男人那么高。棱皮龟主要吃水母。为了捕食到水母，棱皮龟随着墨西哥湾暖流游动几百英里进入北大西洋，有时甚至几千英里。

棱皮龟的数量越来越稀少，它们濒临灭绝。考察船的工作人员希望在这次航行中追踪到棱皮龟。经过在墨西哥湾暖流中一天的行驶，船载小型飞机的飞行员发现了一只在海面附近游动的棱皮龟。你决定使用船载潜水器近距离去观察一下。

用声波看

潜水器携带有水下声呐系统，可以使用声呐信号给水下物体定位。声呐很快就找到了海龟，不久你就看到它在清澈的蓝色海水中游动。棱皮龟使用像翅膀一样的宽大脚蹼，游动非常有力。

潜水器从考察船的侧部沉入水中。潜水器可以下潜到非常深的海里。

这只海龟正在追逐一群水母，你乘潜水器跟着它。水母身上的触手会蜇人，不过你待在潜水器里是安全的。海龟看起来并没有注意到你，正用鸟一样的嘴捕捉着四五只水母。它待在水母群里还要吃更多的水母。

潜水器

潜水器是用于科学研究的小型潜艇，很多潜水器都设计得可以下潜很深。它们有着非常坚固的窗户以抵抗深海的巨大压力。潜水器装备有灯、照相机和采集海水和海底物质的机械手。

丰富的鱼类

你乘坐的考察船顺着墨西哥湾暖流向东北航行，到达了加拿大东部海岸之外的大浅滩。在这里，你的船又遇上了另一支巨大的洋流，从北冰洋南下的拉布拉多寒流。

如同南大西洋的本格拉寒流一样，拉布拉多寒流也携带了大量的养分。拉布拉多寒流的冷水与墨西哥湾暖流的温暖海水交汇在一起。拉布拉多寒流养分的汇集和充足的阳光使得浮游生物中的海藻大量生长，也使这里形成了一片富饶的海域，具有丰富的浮游生物和鱼类。

海藻需要阳光和养分来繁殖。这里处于北半球高纬地带，因此在冬季缺乏日光照射。但这一切都随着春天的到来发生了变化，长时间的日光照射引发了浮游生物爆炸式的生长。因为你现在是在5月初来到大浅滩，正赶上了浮游生物繁殖的高峰时间。

捕鱼之旅

考察船现在要停靠在纽芬兰群岛，你决定换一艘船，并登上了一只渔船出海去往大浅滩。大浅滩是纽芬兰群岛海岸外的一处海域，你注意到，这里的海水由于富含微小藻类呈现出绿色，到处都能看见海鸟潜入水中捕食，显然海里有丰富的食物。

海床在海面下大约500英尺（约150米）的深度。这里是北美大陆被海水淹没的部分，

渔民把满满一网大螃蟹倾倒在渔船的甲板上。

叫做大陆架。这里的海底没有大多数海区那么深。因为海水相对较浅，渔船可以捕捞到在海底觅食的大型鱼类，比如鳐鱼和鲽鱼。不过这个地区经过了许多年的过度捕捞，这些鱼类变得越来越罕见。在大浅滩上方的海域捕捞鳕鱼和鲽鱼现在已经受到严格限制，于是你乘坐的这艘渔船上的船员用捕捞螃蟹来代替捕鱼。

巨大的惊喜

当船员们抬起捕到的螃蟹时，你观察到一些叫做塘鹅的白色大水鸟，它们正俯冲进水中用它们的长嘴抓鱼。同时，一些更大的动物从海洋中游过来抢食。突然它们中的一只在不远处跃出海面：一头巨大的座头鲸！

左图
塘鹅从一座楼大约60英尺（约18米）那么高的高空俯冲进海里，用嘴把鱼叼起来。

观　鲸

当渔船返回纽芬兰群岛时，你又重新登上了考察船，返航回到波士顿附近的母港。返程途中，你想乘坐船载潜水器去观察座头鲸。

每年春季是浮游生物繁殖的高峰期，鲸都会从热带海区游到较冷的北部海区饱食鱼类。鲸是大型海洋动物，身长达到60英尺（约18米）长，比一辆校车还要长。它们的鳍状肢非常长。在有着丰富食物的海域，20多头鲸汇集成一群觅食。它们经常以群体的方式集结在一起捉鱼。

当考察船向南行驶时，你小心地注视着海面。很快你就得到了回报，你看见一个巨大的黑色物体从水中浮上来换气。这是一头

两头成年座头鲸跃出海面，这个行为称为"鲸跃"。

座头鲸的鼻孔，它的喉咙部位充满水撑成一只巨大的水袋，水从嘴的两边倾泻出来。

座头鲸进食时吞下满满一口混合着鱼类和浮游生物的海水，然后把水从一排叫做鲸须的片状器官中挤出。鲸须的边缘在鲸的嘴边形成一把大梳子，用来防止食物随着海水一起流走。很多其他种类的大型鲸也长着鲸须，而不是牙齿。

气泡结网

当你乘坐潜水器从船的侧部下潜后，你的视野并不很远，因为海水里充满了浮游生物而浑浊不清。当你从船边离开时，你开始听见一种奇怪的噪声，声呐系统显示你的附近有鲸。

然后你看见一个巨大的黑色物体，你请潜水器驾驶员靠近它便于你看得更清楚。

座头鲸一边围着一群鲱鱼游动，一边从嘴里吹出气泡。气泡在水中上浮，看起来像围着鱼群形成了一只银色的渔网。座头鲸这么做是有目的的，气泡渔网逼得鱼群收紧，使它们结成一个紧密的球。当鱼群集结得非常紧密时，座头鲸就会游过去把成百上千条鱼吞进嘴里。鲸的这种行为叫做气泡结网。

赤　潮

在北大西洋的西部，靠近加拿大和新英格兰的海域，全年的大部分时间都有着大量丰富的浮游生物。这对海洋野生动物来说通常是好事，但是有时浮游生物过多也会成为灾难。

在大西洋西部海面的有些海域，表层海水流向海岸。当海水接近海岸时就会下沉，形成一片海水下沉区。向着海岸方向流动的海水，携带着大量的浮游生物，但是浮游生物漂浮着，不会随着海水下沉，而是留在海面上。于是，这里就聚集了太多的从海上漂来的浮游生物，浮游生物层越积越厚，连海水的颜色都改变了。海水可以变成粉色、紫色、橙色、黄色、蓝色、绿色或者红色。红色则是最常见的颜色，因此这种浮游生物过量繁盛的现象被称为赤潮。

回到波士顿

在船回到波士顿附近的母港的途中，穿越了一大片铁锈红色的海域。你采集了浮游生物的样本，并在显微镜下观察它们。它们是一些叫做腰鞭毛虫的原生动物，看起来是无害的，但是如果数量太多了，也会造成危害。

有些种类的腰鞭毛虫会分泌少量的毒素，一般情况下没有什么危害。但是，有时过量的微生物分泌毒素，就可能对鱼类、海鸟和其他动物造成致命的毒害。佛罗里达赤潮曾致使百万数量的死鱼被冲上海岸。

左图
当腰鞭毛虫大量聚集时，它们可以使海水改变颜色。有时它们使海水变成红色，叫做赤潮。

显微镜

很多浮游生物非常小，只有在显微镜下才能看到。考察船上的显微镜可以放大物体20倍，它是双筒目镜，你可以使用照明设备看到落在黑色背景上的浮游生物。

1977年，新泽西附近的大西洋海域发生了大面积赤潮，导致鱼类大量死亡。只有那些可以逃离的动物幸存下来，而几乎所有不能游离赤潮的动物都被毒死，包括大量的鱼类。

另一个问题是，水中大量的浮游生物最终会耗尽养分供应，然后，所有的浮游生物也会死亡。浮游生物的尸体被细菌分解，导致细菌的过度繁殖从而耗尽水中的氧气。鱼类生存不能没有氧气，因此它们也会死亡。

冰冻的海洋

北极

北冰洋常年
结冰的区域

下潜位置

格陵兰岛

北冰洋冬季
结冰的区域

摩尔曼斯克

俄罗斯

破冰船的设计用途是用来在冰海中开辟
航道。对于较薄的冰层它直接切碎，遇
上较厚的冰层它可以强大到冲上冰层然
后利用垂直重量压碎冰层。它可以破开
超过3英尺（约1米）厚的冰层。

离开波士顿的海洋考察船后，你北上去乘另一种类型的船——破冰船。这艘船的母港位于俄罗斯的摩尔曼斯克，处于北冰洋的边缘。

北冰洋超过一半的洋面终年覆盖着冰层。这里的海面大部分是结冰的，甚至北极就是冰层覆盖的海洋中的一个点。

大多数的海洋冰层有 10 英尺（约 3 米）厚——将近有你身高的两倍那么厚。极点的冰层从来不会融化，但是边缘周围的冰层每年夏天融化，冬天又冻上。破冰船的工作是在较薄的冰层中开辟航道。

当你 5 月下旬来到这里时，大部分的海洋仍然处于冰冻状态。一艘破冰船正在海上开辟航道，有一艘直升机送你过去。飞机带着你向北飞行，飞越开阔的海面来到冰层。冰层覆盖着海面呈现出一片亮闪闪的白色。你看见下方黑色和上方米色的破冰船正穿过冰层向南移动，身后留下一条暗色的水路航道。

碎裂的冰

你上了破冰船，取了一些海水样本。很难看出生物如何在这样的海水里生存，不过你发现了很多浮游生物。当破冰船向着开阔的海面切割着冰层前进时，海水样本显示有更多的浮游生物存在。很多海鸟潜入水中捕鱼，这里的海洋显然充满了生机。

寒冷的海水富含深海洋流从海底上涌带来的养分。但是，浮游生物上的海藻不能在北冰洋的冬天生长，它们生长需要阳光，而北冰洋在冬天时总是暗无天日。当春天到来时，黑暗消失，变成 24 小时都是白天。空气变得温暖，海面上的冰层开始融化。此时浮游生物大量繁殖，给所有种类的动物都提供了充足的食物。

和海豹一起潜水

要想看一看什么动物生活在冰封的北冰洋里，一个途径就是潜入冰层下方去看。你决定就这么去做，穿上水下呼吸装置和保温潜水服，以保持身体的热量。

冰层下方的景象好像沐浴在一片穿透冰面的美丽蓝色光芒中。你的潜水服非常有效，让你感觉不到寒冷。不过其他生活在这里的动物可不需要这种特殊的"衣服"。你跟着一群正在吃浮游生物的北极鳕鱼，尽管这些鱼的温度接近冰点，它们仍然能够存活，是因为它们体内的化学物质能防止它们冻成冰。

有动物从你身边扑过去，跟在鳕鱼身后。这是一只环斑海豹，它的游泳速度非常快，因为它的身体是流线型的。海豹皮下长了一层厚厚的脂肪，叫做海豹脂。海豹脂也起到保温层的作用。脂肪保温层阻止海豹身体的热量散发到接近冰点的水中。其他生活在北冰洋的恒温动物，如鲸和白腰斑纹海豚，都是用这种方式保温的。

在冰层下

当环斑海豹追逐鱼群和捉鱼时，你在冰层下跟了它好几分钟。但是很快海豹就得升到海面呼吸，它向冰层上的一个洞游过去，把头钻到日光下。

你正想继续跟着海豹，这时听见一声低沉的撞击声。洞周围的冰层碎裂开来，一只北极熊的巨大前爪重重地击打海面。北极熊抓住海豹的下颌把它拖上冰面，留下一溜血迹。你赶紧逃离，回到开阔的海面。也许该是你回家的时候了。

保温潜水服

不穿保温潜水服的话，你在北冰洋的海水里很快就会冻死，因为海水的温度非常低，只有32华氏度（约0摄氏度）。淡水在这个温度时就会结冰，但是咸的海水结冰的温度较低一些，在29华氏度（约–1.7摄氏度）。你的潜水服是用橡胶制成，可以阻止热量从身体上散失，因此潜水服保暖又安全。

一只格陵兰海豹从冰层的洞中伸出头。海豹像人类一样呼吸空气，因此它们需要钻出海面把肺吸满空气。你可以看出实在很冷——这只海豹的胡须上都结了冰。

43

任务报告

在穿过海洋真光层的行程中你有很多发现。在你出发之前你也许会想，最温暖的海洋会拥有最多的生命。你去探访珊瑚礁的行程当然看起来是这样的。但是，很多远离陆地的热带海洋并没有那么多的生物生活在其中。

给海洋带来生命的物质是养分和阳光。养分是由洋流带来的，在利用阳光制造食物的浮游生物上生活着微小的海藻，海藻吸收了养分后生长和繁殖，然后又被微小的浮游生物吃掉。

浮游生物为鱼类和其他所有海洋动物提供食物。在一些地方，这种现象全年都在发生，另一些地方浮游生物随着季节变化提供不同的食物。

洋流给极地带去温暖的海水，也给热带带去寒冷的海水。它们使地球变得更适合居住，特别是在像西欧这样的地区。但是洋流也会造成沙漠，比如位于西南非洲的纳米布沙漠。因此海洋影响着我们所有的人，不论你住在哪里。

像放射虫这种浮游生物被真光层中大一点的生物吃掉。

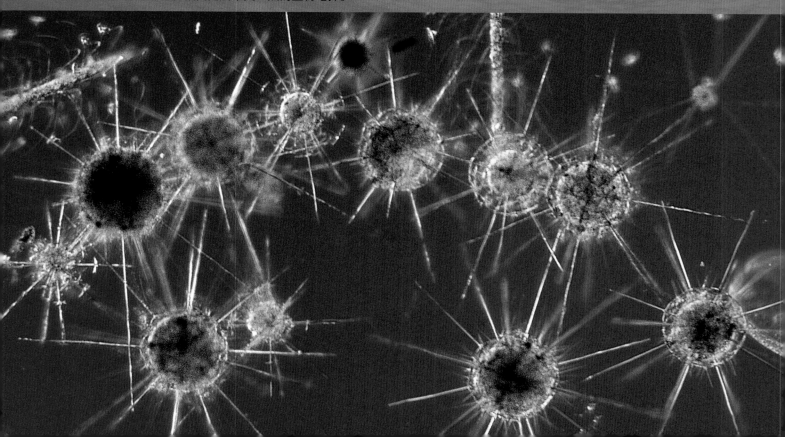